$= c(x_0,x_1,x_2) + q_1(x_0,x_1,x_2)x_3 + l_1(x_0,x_1,x_2)x_3^2 + \{q_2(x_0,x_1,x_2) + l_2(x_0,x_1)x_3\}x_4 +$

$x_0x_4^2 + \{q_3(x_0,x_1,x_2) + x_0l_3(x_3,x_4)\}x_5 + \alpha_2x_0x_5^2 + \{q_4(x_0,x_1) + x_0l_4(x_2,x_3,x_4)\}x_6,$

$= c(x_0,x_1,x_2) + q_1(x_0,x_1,x_2)x_3 + l_1(x_0,x_1)x_3^2 + \{q_2(x_0,x_1,x_2) + l_2(x_0,x_1)x_3\}x_4 +$

$x_0,x_1)x_4^2 + \{q_3(x_0,x_1) + l_4(x_0,x_1)x_2 + l_5(x_0,x_1)x_3 + \alpha_1x_0x_4\}x_5 + \alpha_2x_0x_5^2 + \{q_4(x_0,x_1) +$

$x_0,x_1)x_2 + \alpha_3x_0x_3\}x_6,\ f_3 = c(x_0,x_1,x_2) + q_1(x_0,x_1,x_2)x_3 + l_1(x_0,x_1)x_3^2 + \{q_2(x_0,x_1,x_2) +$

$x_0,x_1)x_3\}x_4 + l_3(x_0,x_1)x_4^2 + \{q_3(x_0,x_1,x_2) + x_0l_4(x_3,x_4)\}x_5 + \alpha_1x_0x_5^2 + \{q_4(x_0,x_1) +$

$x_0,x_1)x_2 + x_0l_6(x_3,x_4)\}x_6,\ \ f_4 = c(x_0,x_1,x_2) + \{q_1(x_0,x_1) + l_1(x_0,x_1,x_2)\}x_3$

Cubic fivefoldの幾何学

モジュライ空間のコンパクト化

$(x_0,x_1)x_3 + l_{12}(x_0,x_1)x_4 + l_{13}(x_0,x_1)x_5\}x_6 + l_{14}(x_0,x_1)x_6^2,\ f_5 = c(x_0,x_1,x_2,x_3) +$

$l(x_0,x_1,x_2)$

$x_0x_4\}x_5 + \{q_3$

$l_3(x_0,x_1)x_5$

$x_0,x_1,x_2)x_3\}x_4 + l_2(x_0,x_1)x_4^2 + \{q_2(x_0,x_1,x_2) + l_3(x_0,x_1)x_3 + \alpha_1x_0x_4\}x_5 +$

$x_0x_5^2 + \{q_3(x_0,x_1) + x_0l_4(x_2,x_3)\}x_6,\ f_7 = c(x_0,x_1,x_2,x_3) + q_1(\ \ \ ,x_3)x_4 +$

$x_0,x_1,x_2)x_4^2 + \{q_2(x_0,x_1,x_2) + l_2(x_0,x_1)x_3 + $ ${}_2,x_3)\}x_6,$

$= c(x_0,x_1,x_2,x_3) + q_1(x_0,x_1,x_2,x_3)x_4 + l_1(x_0$ ${}_1,x_2)x_3 +$

$x_0x_4\}x_5 + \alpha_2x_0x_5^2 + \{q_3(x_0,x_1) + \alpha_3x_0x_2\}x_6,$ ${}_1,x_2)$

$x_0x_3\}x_4 + \alpha_2x_0x_4^2 + \{q_2(x_0,x_1,x_2) + x_0l_1(x_0$ ${}_1,x_2)$

$l_2(x_3,x_4,x_5)\}x_6 + \alpha_4x_0x_6^2,\ \ f_{10} = c(x_0,x_1,$ $q_1(x_0,x_1) + l_1(x_0,x_1)x_2 +$

$(x_0,x_1)x_3\}x_4 + l_3(x_0,x_1)x_4^2 + \{q_2(x_0,x_1) + l_3(x_0,x_1)x_2 + l_4(x_0,x_1)x_3 + l_5(x_0,x_1)x_4\}x_5 +$

$(x_0,x_1)x_5^2 + \{q_3(x_0,x_1) + l_7(x_0,x_1)x_2 + l_8(x_0,x_1)x_3\}x_6,\ \ f_{11} = c(x_0,x_1,x_2,x_3) +$

$_1(x_0,x_1) + l_1(x_0,x_1)x_2 + l_2(x_0,x_1)x_3\}x_4 + \alpha_1x_0x_4^2 + \{q_2(x_0,x_1) + l_4(x_0,x_1)x_2 +$

$x_0,x_1)x_3 + \alpha_2x_0x_4\}x_5 + \alpha_3x_0x_5^2 + \{l_7(x_0,x_1)x_2 + l_8(x_0,x_1)x_3 + x_0l_9(x_4,x_5)\}x_6 + \alpha_4x_0x_6^2,$

$_2 = c(x_0,x_1,x_2,x_3) + q_1(x_0,x_1,x_2,x_3)x_4 + l_1(x_0,x_1)x_4^2 + \{q_2(x_0,x_1,x_2,x_3) +$

$x_0x_4\}x_5 + \{q_3(x_0,x_1) + x_0l_2(x_2,x_3)\}x_6,\ \ f_{13} = c(x_0,x_1,x_2,x_3) + \{q_1(x_0,x_1,x_2) +$

$(x_0,x_1,x_2)x_3\}x_4 + \alpha_1x_0x_4^2 + \{q_2(x_0,x_1,x_2) + l_2(x_0,x_1,x_2)x_3 + \alpha_2x_0x_4\}x_5 + \alpha_3x_0x_5^2 +$

$_3(x_0,x_1,x_2) + \alpha_4x_0x_3\}x_6,\ f_{14} = c(x_0,x_1,x_2,x_3) + \{q_1(x_0,x_1,x_2) + l_1(x_0,x_1,x_2)x_3\}x_4 +$

$(x_0,x_1,x_2)x_4^2 + \{q_2(x_0,x_1,x_2) + l_2(x_0,x_1,x_2)x_3 + l_3(x_0,x_1,x_2)x_4\}x_5 + l_4(x_0,x_1,x_2)x_5^2 +$

$(x_0,x_1,x_2)x_6,\ \ f_{15} = c(x_0,x_1,x_2,x_3,x_4) + x_0l_1(x_0,x_1,x_2,x_3,x_4)x_5 + \alpha_1x_0x_5^2 +$

$l_2(x_0,x_1,x_2,x_3,x_4,x_5)x_6 + \alpha_2x_0x_6^2,\ \ f_{16} = c(x_0,x_1,x_2,x_3,x_4) + \{q_1(x_0,x_1,x_2) +$

$l_1(x_3,x_4)\}x_5 + \{q_2(x_0,x_1,x_2) + x_0l_2(x_3,x_4)\}x_6,\ f_{17} = c(x_0,x_1,x_2,x_3,x_4) + \{q_1(x_0,x_1) +$

Yasutaka SHIBATA

$x_0,x_1)x_2 + l_2(x_0,x_1)x_3\}x_4$ ${}_0l_4(x_2,x_3,x_4)\}x_6,\ f_{18} =$

$x_0,x_1,x_2,x_3,x_4) + \{q_1(x_0,x_1,x_2) + l_1(x_0,x_1,x_2)x_3 + l_2(x_0,x_1,x_2)x_4\}x_5 + q_2(x_0,x_1,x_2)x_6,$

$_9 = c(x_0,x_1,x_2,x_3,x_4) + \{q_1(x_0,x_1,x_2)$ $l_2(x_0,x_1)x_3 + l_3(x_0,x_1)x_4\}x_5 +$

$_2(x_0,x_1) + l_4(x_0,x_1)x_2 + l_5(x_0,x_1)x_3$ $x_0,x_1)x_3\}x_6,\ \ f_{20} = c(x_0,x_1,x_2,x_3,x_4) +$

$(x_0,x_1,x_2,x_3)x_5 + q_2(x_0,x_1,x_2,x_3)x_6,\ \ f_{21} = c(x_0,x_1,x_2,x_3,x_4,x_5) + q(x_0,x_1)x_6$

$_2 = c(x_0,x_1,x_2,x_3,x_4,x_5) + x_0l(x_0,x_1,x_2,x_3,x_4,x_5)x_6$

暗黒通信団

0 イントロダクション

この本では cubic fivefold, 即ち複素 6 次元射影空間 $\mathbb{P}^6$ 内の 3 次超曲面の幾何学の考察を行う. 良く知られているように cubic threefold はその中間 Jacobian とともに, 代数曲線とその Jacobian と類似した性質もつ [4]. 例えば cubic threefold X 内の直線のなす Fano 曲面の Albanese 多様体から中間 Jacobian JX への Abel-Jabobi 写像は同型である. ここで JX は 5 次元の主偏極 Abel 多様体である. また X, X' を二つの cubic threefold とするとき, 主偏極 Abel 多様体としての同型 $(JX, \Theta_X) \simeq (JX', \Theta_{X'})$ が成り立つならば $X \simeq X'$ という Torelli 型の定理も成り立つ.

一般の cubic fivefold の中間 Jacobian は 21 次元の主偏極 Abel 多様体であることが示されているので, cubic threefold との類似を問うことができる. 一般の cubic fivefold の Abel-Jacobi 写像は同型であるということが示されている [5].

筆者は cubic fivefold を詳しく調べようと思い, モジュライ空間をコンパクト化することから始めた. 即ち, 安定な cubic fivefold のモジュライ空間の境界を, 幾何学的不変式論の意味で記述した. その境界は 21 個の既約成分からなることを示し, 各既約成分に属する一般の cubic fivefold の特異点を記述した [13].

また cubic fourfold を含む cubic fivefold の中間 Jacobian は可積分であるという結果も知られている [3]. このように cubic fivefold についてはあまり多くの事が知られておらず 調べることは沢山あるように思われる. なお, 3 次超曲面についての系統だった扱いが [9] で行われている.

本稿では cubic fivefold のモジュライ空間を幾何学的不変式論 (GIT) の意味でコンパクト化する.

$\mathbb{P}^n$ 内の 3 次超曲面のモジュライ空間の GIT コンパクト化は圏論的商

$$\mathbb{P}(\operatorname{Sym}_{n+1}^3)^{ss} /\!/ \operatorname{SL}(n+1)$$

である. ここで $\operatorname{Sym}_{n+1}^3$ は $n+1$ 変数の次数 3 の斉次多項式のなすベクトル空間である. 圏論的商は射影的なのでコンパクトである. ここで $n = 3, 4, 5$ の GIT コンパクト化についての主要な結果を見ていこう.

$n = 3$ のとき, 結果は次となる [8][12].

定理 0.1. S を $\mathbb{P}^3$ 内の 3 次曲面とする.

(1) S は stable であることと, A_1 型の有理二重点を持つことは同値である.

(2) S は semi-stable であることと, A_1 型または A_2 型の有理二重点を持つことは同

値である.

(3) stable な 3 次曲面のモジュライ空間は 3 個の A_2 型の特異点をもつ semi-stable な 3 次曲面 $x_0 x_1 x_2 + x_3^3 = 0$ に対応する 1 点を付け加える事でコンパクト化される.

$n = 4$ のとき, 主な結果は次となる [1][14].

定理 0.2. X を cubic threefold とする.

(1) X が stable であることと, それが A_k 型の二重点 ($k \leq 4$) をもつことは同値である.

(2) X が semi-stable であることと, A_k ($k \leq 5$), D_4, A_∞ 型の二重点のみを持つことは同値である.

(3) stable cubic threefolds のモジュライ空間は 2 つの成分を加えることでコンパクト化される. ひとつは $\mathbb{P}^1$ と同型で, もう 1 つは 3 個の D_4 型の特異点をもつ semi-stable cubic threefold $x_0^3 + x_1^3 + x_2 x_3 x_4 = 0$ に対応する孤立特異点である.

$n = 5$ のとき次の結果が知られている [15]. 更なる結果は [10] を参照せよ.

定理 0.3. A cubic fourfold X が not stable であることは, 次のいずれかになることと同値である

(1) Sing X は二次曲線を含む,

(2) Sing X は直線を含む,

(3) Sing X は空間内の 2 つの hyperquadrics の intersection を含む,

(4) X は rank ≤ 2 の二重点を含む,

(5) rank 3 の二重点 p と p を通る超平面切断 Y で直線 L を特異点としてもち, p の L 上の rank は 1 で, L 上の任意の点は rank ≤ 2 となるか,

(6) rank 3 の二重点 p での X の tangent cone が X 内で 2-plane となるものが存在する.

この本では $n = 6$ のときを調べる. strictly semi-stable cubic fivefolds の多項式のリストを与える (定理 3.2 と定理 3.6 を見よ). これらは stable cubic fivefolds の境界を成し, 21 個の既約成分から成る. 更に, これらの strictly semi-stable cubic fivefolds の特異点を調べる (定理 4.1 を見よ). 孤立特異点に対しては, Milnor 数, Tjurina 数, corank を与えた. しかし Arnold の分類記号は計算機の限界を超えたため与えることができなかった [2].

2

1 節では凸体の幾何学の言葉で cubic fivefold に対しての数値的判定法を述べる. 2 節では SL(7) の極大トーラス $\mathbb{T}$ を固定して $\mathbb{T}$ に関する strictly semi-stable cubic fivefolds のリストを与える. 有限ステップで終わるアルゴリズムを用いる. 22 個の $\mathbb{T}$ に関する semi-stable cubic fivefolds を得る.　3 節では SL(7) 内の全ての極大トーラスを考え, これらの 22 個の cubic fivefold の modulo SL(7) での包含関係を考える. 21 個の strictly semi-stable cubic fivefold を得る. 4 節ではこれら 21 個の cubic fivefold の特異点を Gröbner 基底と Hilbert 多項式を用いて調べる.

1 cubic fivefolds の数値的判定法

この節では cubic fivefold の stability または semi-stability の数値的判定法を述べる. 次の記号を用いる.

- $\mathbb{C}[x_0, \ldots, x_6]_3$ を次数 3 の斉次多項式の集合とする.
- ベクトル $\mathbf{x} \in \mathbb{Q}^7$ に対して $\mathrm{wt}(\mathbf{x}) = \sum_{k=0}^{6} x_k$ を $\mathbf{x}$ の重さという.
- $\mathbb{Z}_{\geq 0}^7 = \{\mathbf{x} = (x_0, x_1, \ldots, x_6) \in \mathbb{Z}^7 \mid x_k \geq 0 \ (k = 0, 1, \ldots, 6)\}$ と定め,

$$\mathbb{Z}_{(d)}^7 = \{\mathbf{x} \in \mathbb{Z}^7 \mid \mathrm{wt}(\mathbf{x}) = d\},$$

  $\mathbb{I} = \mathbb{Z}_{(3)}^7 \cap \mathbb{Z}_{\geq 0}^7$ とおき, これを単体と呼ぶ.
- $\mathbf{r} \in \mathbb{Q}^7$ に対して, $\mathbb{I}(\mathbf{r})_{\geq 0} = \{\mathbf{i} \in \mathbb{I} \mid \mathbf{r} \cdot \mathbf{i} \geq 0\}$ と $\mathbb{I}(\mathbf{r})_{>0} = \{\mathbf{i} \in \mathbb{I} \mid \mathbf{r} \cdot \mathbf{i} > 0\}$ とおく. ここで $\cdot$ は標準的なベクトルの内積をあらわす.
- 多項式 $f = \sum_{\mathrm{wt}(\mathbf{i})=3} a_{\mathbf{i}} x^{\mathbf{i}} \in \mathbb{C}[x_0, \ldots, x_6]_3$ に対して, f の台を $\mathrm{Supp}(f) = \{\mathbf{i} \in \mathbb{I} \mid a_{\mathbf{i}} \neq 0\}$ で定める.
- $\eta = (3/7, 3/7, 3/7, 3/7, 3/7, 3/7, 3/7) \in \mathbb{Q}^7$ とおき, これを単体 $\mathbb{I}$ の重心と呼ぶ.
- ベクトル $\mathbf{r} \in \mathbb{Z}^7$ が被約とは, 整数 α で $|\alpha| \geq 2$ かつ $(1/\alpha)\mathbf{r} \in \mathbb{Z}^7$ となるようなものがないこととする.

ここで SL(7) の極大トーラス $\mathbb{T}$ を固定する. 1 パラメータ部分群 $\lambda : \mathbb{G}_m \to \mathrm{SL}(7)$ で $\mathbb{T}$ に像をとるものを考える. $\mathbb{C}^7$ の適切な基底をとると λ は対角行列 $\mathrm{diag}(t^{r_0}, t^{r_1}, \ldots, t^{r_6})$ で表せる. ここで $t \neq 0$ は $\mathbb{G}_m$ のパラメータとする. このような基底を固定する. すると λ は $\mathbf{r} = (r_0, r_1, \ldots, r_6) \in \mathbb{Z}_{(0)}^7$ という元に対応する. 我々は $\mathbb{Z}_{(0)}^7$ の元を $\mathbb{T}$ の 1 パラメータ部分群とみなす.

定義 1.1. s を $\mathbb{I}$ の部分集合とする. s が $\mathbb{T}$ に関して not stable (resp. unstable) とは, ある 1-PS $\mathbf{r}$ に関して $\subseteq \mathbb{I}(\mathbf{r})_{\geq 0}$ (resp. $s \subseteq \mathbb{I}(\mathbf{r})_{> 0}$) となっていることとする. 多項式 $0 \neq f \in \mathbb{C}[x_0, \ldots, x_6]_3$ に対して, f が $\mathbb{T}$ に関して not stable (resp. unstable) である とは, $\mathrm{Supp}(f) \subseteq \mathbb{I}$ が $\mathbb{T}$ に関して not stable (resp. unstable) となることとする. 詳し くは図 1 をみよ.

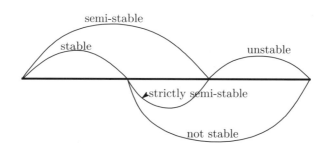

図 1　Various concepts of stability

次の定理は凸体の幾何学による stability の数値的判定法である.

定理 1.2. $f \in \mathbb{C}[x_0, \ldots, x_6]_3$ で定義される cubic fivefold が not stable (resp. unstable) であることは, $\sigma \in \mathrm{SL}(7)$ であって f^σ が $\mathbb{T}$ に関して not stable (resp. unstable) とな るものが存在することと同値である.

特に, f が strictly semi-stable であることは,

(1) $\sigma \in \mathrm{SL}(7)$ であって, f^σ が $\mathbb{T}$ に関して not stable となるものが存在し,

(2) 任意の $\sigma \in \mathrm{SL}(7)$ に対して, f^σ が $\mathbb{T}$ に関して semi-stable となることと同値で ある.

証明.　Theorem 9.3 [7] を見よ. □

2　極大トーラス $\mathbb{T}$ に関して strictly semi-stable な maximal cubic fivefolds

この節では, strictly semi-stable cubic fivefold のなす既約成分を列挙する. この目的 のために極大トーラス $\mathbb{T}$ に関する strictly semi-stable cubic fivefold を全て列挙する. この問題を解くために $\mathbb{I}$ の極大な semi-stable 部分集合の集合を考察する. $\mathbb{I}$ の部分集合

の順序は包含で与える. この目的のために $\mathcal{S} = \{\mathbb{I}(\mathbf{r})_{\geq 0} \mid \mathbf{r} \in \mathbb{Z}_{(0)}^7\}$ の全ての極大元の集合を与える.

この問題を計算機を使って解く. 有限ステップで終了するアルゴリズムが必要である. アルゴリズムを与える前に $\mathbb{I}(\mathbf{r})_{\geq 0}$ と $\mathbb{I}(\mathbf{r}')_{\geq 0}$ が異なるベクトル $\mathbf{r}, \mathbf{r}' \in \mathbb{Z}_{(0)}^7$ に対して同じになることがあることを注意しておく.

補題 2.1. $\mathbb{I}(\mathbf{r})_{\geq 0}$ を $\mathcal{S}$ の極大元とする. ここで $\mathbf{r} \in \mathbb{Z}_{(0)}^7$ である. このとき, 5 つの元 $\mathbf{x}_1, \mathbf{x}_2, \ldots, \mathbf{x}_5 \in \mathbb{I}$ とベクトル $\mathbf{r}' \in \mathbb{Z}_{(0)}^7$ で, つぎの 3 つの条件を満たすものが存在する.

(1) $\mathbb{Q}^7$ の $\mathbb{Q}$ 上 $\mathbf{x}_1, \ldots, \mathbf{x}_5, \eta$ で張られる部分空間 W は 6 次元である.

(2) ベクトル $\mathbf{r}'$ は $\mathbb{Q}^7$ 内の部分空間 W に直交する.

(3) $\mathbb{I}(\mathbf{r})_{\geq 0} = \mathbb{I}(\mathbf{r}')_{\geq 0}$

証明. $C = \mathbb{I}(r) \cup \eta$ とおく. C の $\mathbb{Q}^7$ 内での凸包 $\check{C}$ を考える. F を $\check{C}$ の η を含む面とする. F の $\mathbb{Z}^7$ 内での法ベクトル $\mathbf{r}'$ で $\check{C} \subseteq \{\mathbf{x} \in \mathbb{Q}^7 \mid \mathbf{r}' \cdot \mathbf{x} \geq 0\}$ となるものが存在する. ここで $\mathrm{wt}(\mathbf{r}') = 0$ となる, 何故なら $\{\mathbf{x} \in \mathbb{Q}^7 \mid \mathbf{r}' \cdot \mathbf{x} = 0\}$ で定義される超平面が点 η を通るからである. $\mathbb{Q}^7$ 内の凸体の面の定義から, $\mathbb{I} \cap F$ から 5 点 $\mathbf{x}_1, \mathbf{x}_2, \ldots, \mathbf{x}_5$ を取り出して $\mathbf{x}_1, \mathbf{x}_2, \ldots, \mathbf{x}_5, \eta$ が $\mathbb{Q}$ 上 1 次独立になるようにできる. 一般には $\mathbb{I}(\mathbf{r})_{\geq 0} \subseteq \mathbb{I}(\mathbf{r}')_{\geq 0}$ であるが, $\mathbb{I}(\mathbf{r})_{\geq 0}$ が $\mathcal{S}$ 内で極大であることから, $\mathbb{I}(\mathbf{r})_{\geq 0} = \mathbb{I}(\mathbf{r}')_{\geq 0}$ と結論することができる. $\qquad\square$

この補題から, 次のアルゴリズムを使って, 座標の入れ替えを除いて, $\mathcal{S}$ の極大元の集合を有限ステップで決定することができる.

アルゴリズム 2.2. $\mathcal{F}$ を $\mathbb{I}$ の異なる 5 点からなる集合とする. $\mathcal{F}$ の全順序を一つ定めておく. 初期データとして, $\mathcal{S}' = \emptyset$ として $\mathbf{x} = (x_0, \ldots, x_5)$ を $\mathcal{F}$ の最小元とする. これから $\mathcal{S}'$ を次のアルゴリズムを用いて修正していく.

- Step 1. もし $\mathbb{Q}^7$ の $x_0, \ldots, x_5, \eta$ で張られる部分空間 W の次元が 6 であれば, W の被約法線ベクトル $\mathbf{r} = (r_0, \ldots, r_6) \in \mathbb{Z}_{(0)}^7$ をとり Step 2 へ進め. もしそうでなければ Step 5 へ進め.

- Step 2. もし $r = (r_0, \ldots, r_6)$ が条件 $r_0 \geq \cdots \geq r_6$ 又は $r_0 \leq \cdots \leq r_6$ を満たしていたら Step 3 へ進め. もしそうでなければ Step 5 へ進め.

- Step 3. もし $r_0 \geq \cdots \geq r_6$ (resp. $r_0 \leq \cdots \leq r_6$) なら, $\mathbb{I}(\mathbf{r})$ (resp. $\mathbb{I}(-\mathbf{r})$) を $\mathcal{S}'$ へ加え Step 4 に進め.

- Step 4. $\mathcal{S}'$ の極大でない元をすべて消去せよ, そして Step 5 へ進め.

5

- Step 5. もし **x** が最大元でなければ **x** を次の元に置き換えて Step 1 へ進め. そうでなければアルゴリズムは終了させよ.

Step 2 は S_7 の $x_0, \ldots, x_6$ 上への作用の対称性を消していることに注意する. Step 4 は本質的には必要ないが, 計算機のメモリーの消費を抑えるためにある. このアルゴリズムを計算機で走らせると 23 個の元 $\mathbb{I}(\mathbf{r}_1)_{\geq 0}, \ldots, \mathbb{I}(\mathbf{r}_{23})_{\geq 0}$ が $\mathcal{S}'$ の中に得られる. ここで $\mathbf{r}_k = (r_0, \ldots, r_6) \in \mathbb{Z}^7_{(0)}$ は被約ベクトルで $r_0 \geq \cdots \geq r_6$ である.

$\mathbb{I}(\mathbf{r}_1)_{\geq 0}, \ldots, \mathbb{I}(\mathbf{r}_{23})_{\geq 0}$ の $\mathbb{Q}^7$ 内での凸包を計算すると, 1 つの $\mathbb{I}(\mathbf{r}_k)_{\geq 0}$ の凸包が η を含まない. それを $\mathbb{I}(\mathbf{r}_{23})_{\geq 0}$ とする. $\mathbb{I}(\mathbf{r}_{23})_{\geq 0}$ のみが $\mathbb{T}$ に関して unstable なので, これは今後取り扱わない. 従って, 22 個の $\mathbb{T}$ に関する極大 strictly semi-stable cubic fivefold を得た.

命題 2.3. $\mathcal{M} = \{\mathbb{I}(\mathbf{r}_1)_{\geq 0}, \ldots, \mathbb{I}(\mathbf{r}_{22})_{\geq 0}\}$ の集合は次で与えられる.

$\mathbf{r}_1 = (8, 3, 2, -1, -2, -4, -6)$	$\mathbf{r}_2 = (6, 4, 1, -1, -2, -3, -5)$
$\mathbf{r}_3 = (4, 2, 1, -1, -1, -2, -3)$	$\mathbf{r}_4 = (2, 2, 0, -1, -1, -1, -1)$
$\mathbf{r}_5 = (3, 2, 1, 0, -1, -2, -3)$	$\mathbf{r}_6 = (4, 2, 1, 0, -1, -2, -4)$
$\mathbf{r}_7 = (5, 3, 2, 1, -1, -4, -6)$	$\mathbf{r}_8 = (6, 4, 2, 1, -2, -3, -8)$
$\mathbf{r}_9 = (4, 1, 1, 0, -2, -2, -2)$	$\mathbf{r}_{10} = (2, 2, 0, 0, -1, -1, -2)$
$\mathbf{r}_{11} = (2, 1, 0, 0, -1, -1, -1)$	$\mathbf{r}_{12} = (3, 2, 1, 1, -1, -2, -4)$
$\mathbf{r}_{13} = (2, 1, 1, 0, -1, -1, -2)$	$\mathbf{r}_{14} = (2, 2, 2, 0, -1, -1, -4)$
$\mathbf{r}_{15} = (2, 0, 0, 0, 0, -1, -1)$	$\mathbf{r}_{16} = (2, 1, 1, 0, 0, -2, -2)$
$\mathbf{r}_{17} = (2, 1, 0, 0, 0, -1, -2)$	$\mathbf{r}_{18} = (1, 1, 1, 0, 0, -1, -2)$
$\mathbf{r}_{19} = (1, 1, 0, 0, 0, -1, -1)$	$\mathbf{r}_{20} = (1, 1, 1, 1, 0, -2, -2)$
$\mathbf{r}_{21} = (1, 1, 0, 0, 0, 0, -2)$	$\mathbf{r}_{22} = (1, 0, 0, 0, 0, 0, -1)$

例えば $\mathbb{I}(\mathbf{r}_1)_{\geq 0}$ は

$\mathbb{I}(\mathbf{r}_1)_{\geq 0} = \{x_0^3, x_0^2 x_1, x_0^2 x_2, x_0^2 x_3, x_0^2 x_4, x_0^2 x_5, x_0^2 x_6, x_0 x_1^2, x_0 x_1 x_2, x_0 x_1 x_3, x_0 x_1 x_4,$
$x_0 x_1 x_5, x_0 x_1 x_6, x_0 x_2^2, x_0 x_2 x_3, x_0 x_2 x_4, x_0 x_2 x_5, x_0 x_2 x_6, x_0 x_3^2, x_0 x_3 x_4, x_0 x_3 x_5, x_0 x_3 x_6,$
$x_0 x_4^2, x_0 x_4 x_5, x_0 x_4 x_6, x_0 x_5^2, x_1^3, x_1^2 x_2, x_1^2 x_3, x_1^2 x_4, x_1^2 x_5, x_1^2 x_6, x_1 x_2^2, x_1 x_2 x_3, x_1 x_2 x_4,$
$x_1 x_2 x_5, x_1 x_3^2, x_1 x_3 x_4, x_2^3, x_2^2 x_3, x_2^2 x_4, x_2^2 x_5, x_2 x_3^2\}.$

ここで $x_0^{i_0} x_1^{i_1} \cdots x_6^{i_6}$ を $(i_0, i_1, \ldots, i_6) \in \mathbb{Z}^7_{(3)}$ の代わりに用いた.

3 SL(7) の作用の下での 21 個の極大な semi-stable cubic fivefolds

$\mathcal{M}$ の元 $\mathbb{I}(\mathbf{r}_k)_{\geq 0}$ は $\mathbb{I}(\mathbf{r}_k)_{\geq 0}$ に台をもつ cubic fivefold の族を表す. $\mathbb{I}(\mathbf{r}_k)_{\geq 0}$ の SL(7) の作用の下での包含関係を調べる. f_k を $\mathbb{I}(\mathbf{r}_k)_{\geq 0}$ に台をもつ一般の多項式とする ($k = 1, 2, \ldots, 22$). f_k を直接書こうとすると長くなりすぎるので記法を準備する.

定義 3.1. 記号 c, q, l, α をそれぞれ一般の 3 次形式, 2 次形式, 1 次形式, 定数とする. 同様に, 記号 q_i, l_i, α_i をそれぞれ i 番目の 2 次形式, 1 次形式, 定数とする.

次の定理は命題 2.3 の直接の帰結である.

定理 3.2. 上記の記法を用いて, 一般の多項式 $f_1, \ldots, f_{22}$ は次のようになる.

- $f_1 = c(x_0, x_1, x_2) + q_1(x_0, x_1, x_2)x_3 + l_1(x_0, x_1, x_2)x_3^2 + \{q_2(x_0, x_1, x_2) + l_2(x_0, x_1)x_3\}x_4 + \alpha_1 x_0 x_4^2 + \{q_3(x_0, x_1, x_2) + x_0 l_3(x_3, x_4)\}x_5 + \alpha_2 x_0 x_5^2 + \{q_4(x_0, x_1) + x_0 l_4(x_2, x_3, x_4)\}x_6$

- $f_2 = c(x_0, x_1, x_2) + q_1(x_0, x_1, x_2)x_3 + l_1(x_0, x_1)x_3^2 + \{q_2(x_0, x_1, x_2) + l_2(x_0, x_1)x_3\}x_4 + l_3(x_0, x_1)x_4^2 + \{q_3(x_0, x_1) + l_4(x_0, x_1)x_2 + l_5(x_0, x_1)x_3 + \alpha_1 x_0 x_4\}x_5 + \alpha_2 x_0 x_5^2 + \{q_4(x_0, x_1) + l_6(x_0, x_1)x_2 + \alpha_3 x_0 x_3\}x_6$

- $f_3 = c(x_0, x_1, x_2) + q_1(x_0, x_1, x_2)x_3 + l_1(x_0, x_1)x_3^2 + \{q_2(x_0, x_1, x_2) + l_2(x_0, x_1)x_3\}x_4 + l_3(x_0, x_1)x_4^2 + \{q_3(x_0, x_1, x_2) + x_0 l_4(x_3, x_4)\}x_5 + \alpha_1 x_0 x_5^2 + \{q_4(x_0, x_1) + l_5(x_0, x_1)x_2 + x_0 l_6(x_3, x_4)\}x_6$

- $f_4 = c(x_0, x_1, x_2) + \{q_1(x_0, x_1) + l_1(x_0, x_1)x_2\}x_3 + l_2(x_0, x_1)x_3^2 + \{q_2(x_0, x_1) + l_3(x_0, x_1)x_2 + l_4(x_0, x_1)x_3\}x_4 + l_5(x_0, x_1)x_4^2 + \{q_3(x_0, x_1) + l_6(x_0, x_1)x_2 + l_7(x_0, x_1)x_3 + l_8(x_0, x_1)x_4\}x_5 + l_9(x_0, x_1)x_5^2 + \{q_4(x_0, x_1) + l_{10}(x_0, x_1)x_2 + l_{11}(x_0, x_1)x_3 + l_{12}(x_0, x_1)x_4 + l_{13}(x_0, x_1)x_5\}x_6 + l_{14}(x_0, x_1)x_6^2$

- $f_5 = c(x_0, x_1, x_2, x_3) + \{q_1(x_0, x_1, x_2) + l_1(x_0, x_1, x_2)x_3\}x_4 + l_2(x_0, x_1)x_4^2 + \{q_2(x_0, x_1, x_2) + l_3(x_0, x_1)x_3 + \alpha_1 x_0 x_4\}x_5 + \{q_3(x_0, x_1) + l_4(x_0, x_1)x_2 + \alpha_2 x_0 x_3\}x_6$

- $f_6 = c(x_0, x_1, x_2, x_3) + \{q_1(x_0, x_1, x_2) + l_1(x_0, x_1, x_2)x_3\}x_4 + l_2(x_0, x_1)x_4^2 + \{q_2(x_0, x_1, x_2) + l_3(x_0, x_1)x_3 + \alpha_1 x_0 x_4\}x_5 + \alpha_2 x_0 x_5^2 + \{q_3(x_0, x_1) + x_0 l_4(x_2, x_3)\}x_6$

- $f_7 = c(x_0, x_1, x_2, x_3) + q_1(x_0, x_1, x_2, x_3)x_4 + l_1(x_0, x_1, x_2)x_4^2 + \{q_2(x_0, x_1, x_2) + l_2(x_0, x_1)x_3 + \alpha_1 x_0 x_4\}x_5 + \{q_3(x_0, x_1) + x_0 l_3(x_2, x_3)\}x_6$

- $f_8 = c(x_0, x_1, x_2, x_3) + q_1(x_0, x_1, x_2, x_3)x_4 + l_1(x_0, x_1)x_4^2 + \{q_2(x_0, x_1, x_2) + $

$$l_2(x_0, x_1, x_2)x_3 + \alpha_1 x_0 x_4\}x_5 + \alpha_2 x_0 x_5^2 + \{q_3(x_0, x_1) + \alpha_3 x_0 x_2\}x_6$$

- $f_9 = c(x_0, x_1, x_2, x_3) + \{q_1(x_0, x_1, x_2) + \alpha_1 x_0 x_3\}x_4 + \alpha_2 x_0 x_4^2 + \{q_2(x_0, x_1, x_2) + x_0 l_1(x_3, x_4)\}x_5 + \alpha_3 x_0 x_5^2 + \{q_3(x_0, x_1, x_2) + x_0 l_2(x_3, x_4, x_5)\}x_6 + \alpha_4 x_0 x_6^2$

- $f_{10} = c(x_0, x_1, x_2, x_3) + \{q_1(x_0, x_1) + l_1(x_0, x_1)x_2 + l_2(x_0, x_1)x_3\}x_4 + l_3(x_0, x_1)x_4^2 + \{q_2(x_0, x_1) + l_3(x_0, x_1)x_2 + l_4(x_0, x_1)x_3 + l_5(x_0, x_1)x_4\}x_5 + l_6(x_0, x_1)x_5^2 + \{q_3(x_0, x_1) + l_7(x_0, x_1)x_2 + l_8(x_0, x_1)x_3\}x_6$

- $f_{11} = c(x_0, x_1, x_2, x_3) + \{q_1(x_0, x_1) + l_1(x_0, x_1)x_2 + l_2(x_0, x_1)x_3\}x_4 + \alpha_1 x_0 x_4^2 + \{q_2(x_0, x_1) + l_4(x_0, x_1)x_2 + l_5(x_0, x_1)x_3 + \alpha_2 x_0 x_4\}x_5 + \alpha_3 x_0 x_5^2 + \{l_7(x_0, x_1)x_2 + l_8(x_0, x_1)x_3 + x_0 l_9(x_4, x_5)\}x_6 + \alpha_4 x_0 x_6^2$

- $f_{12} = c(x_0, x_1, x_2, x_3) + q_1(x_0, x_1, x_2, x_3)x_4 + l_1(x_0, x_1)x_4^2 + \{q_2(x_0, x_1, x_2, x_3) + \alpha_1 x_0 x_4\}x_5 + \{q_3(x_0, x_1) + x_0 l_2(x_2, x_3)\}x_6$

- $f_{13} = c(x_0, x_1, x_2, x_3) + \{q_1(x_0, x_1, x_2) + l_1(x_0, x_1, x_2)x_3\}x_4 + \alpha_1 x_0 x_4^2 + \{q_2(x_0, x_1, x_2) + l_2(x_0, x_1, x_2)x_3 + \alpha_2 x_0 x_4\}x_5 + \alpha_3 x_0 x_5^2 + \{q_3(x_0, x_1, x_2) + \alpha_4 x_0 x_3\}x_6$

- $f_{14} = c(x_0, x_1, x_2, x_3) + \{q_1(x_0, x_1, x_2) + l_1(x_0, x_1, x_2)x_3\}x_4 + l_1(x_0, x_1, x_2)x_4^2 + \{q_2(x_0, x_1, x_2) + l_2(x_0, x_1, x_2)x_3 + l_3(x_0, x_1, x_2)x_4\}x_5 + l_4(x_0, x_1, x_2)x_5^2 + q_3(x_0, x_1, x_2)x_6$

- $f_{15} = c(x_0, x_1, x_2, x_3, x_4) + x_0 l_1(x_0, x_1, x_2, x_3, x_4)x_5 + \alpha_1 x_0 x_5^2 + x_0 l_2(x_0, x_1, x_2, x_3, x_4, x_5)x_6 + \alpha_2 x_0 x_6^2$

- $f_{16} = c(x_0, x_1, x_2, x_3, x_4) + \{q_1(x_0, x_1, x_2) + x_0 l_1(x_3, x_4)\}x_5 + \{q_2(x_0, x_1, x_2) + x_0 l_2(x_3, x_4)\}x_6$

- $f_{17} = c(x_0, x_1, x_2, x_3, x_4) + \{q_1(x_0, x_1) + l_1(x_0, x_1)x_2 + l_2(x_0, x_1)x_3 + l_3(x_0, x_1)x_4\}x_5 + \alpha_1 x_0 x_5^2 + \{q_2(x_0, x_1) + x_0 l_4(x_2, x_3, x_4)\}x_6$

- $f_{18} = c(x_0, x_1, x_2, x_3, x_4) + \{q_1(x_0, x_1, x_2) + l_1(x_0, x_1, x_2)x_3 + l_2(x_0, x_1, x_2)x_4\}x_5 + q_2(x_0, x_1, x_2)x_6$

- $f_{19} = c(x_0 x_1, x_2, x_3, x_4) + \{q_1(x_0, x_1) + l_1(x_0, x_1)x_2 + l_2(x_0, x_1)x_3 + l_3(x_0, x_1)x_4\}x_5 + \{q_2(x_0, x_1) + l_4(x_0, x_1)x_2 + l_5(x_0, x_1)x_3 + l_6(x_0, x_1)x_4\}x_6$

- $f_{20} = c(x_0, x_1, x_2, x_3, x_4) + q_1(x_0, x_1, x_2, x_3)x_5 + q_2(x_0, x_1, x_2, x_3)x_6$

- $f_{21} = c(x_0, x_1, x_2, x_3, x_4, x_5) + q(x_0, x_1)x_6$

- $f_{22} = c(x_0, x_1, x_2, x_3, x_4, x_5) + x_0 l(x_0, x_1, x_2, x_3, x_4, x_5)x_6$

SL(7) の元 σ と $\mathbb{J} \subseteq \mathbb{I}$ に対して, $\mathbb{J}^\sigma = \cup_f \mathrm{Supp}(f^\sigma)$ とおく, ここで f は $\mathrm{Supp}(f) \subseteq \mathbb{J}$ なる多項式を走る.

定義 3.3.
$$\mathbb{I}(\mathbf{r}_k)_{\geq 0} \subseteq \mathbb{I}(\mathbf{r}_l)_{\geq 0} \bmod \mathrm{SL}(7)$$

とは, $\sigma \in \mathrm{SL}(7)$ であって $\mathbb{I}(\mathbf{r}_k)_{\geq 0}^\sigma \subseteq \mathbb{I}(\mathbf{r}_l)_{\geq 0}$ となるものが存在することとする. このとき $\mathbb{I}(\mathbf{r}_k)_{\geq 0}$ は $\mathbb{I}(\mathbf{r}_l)_{\geq 0}$ に modulo SL(7) で含まれるという.

$\mathcal{M}$ の元の modulo SL(7) による包含関係を調べる.

命題 3.4. 次の二つの関係がある.

- $\mathbb{I}(\mathbf{r}_{21})_{\geq 0} \subseteq \mathbb{I}(\mathbf{r}_{22})_{\geq 0} \bmod \mathrm{SL}(7)$
- $\mathbb{I}(\mathbf{r}_{22})_{\geq 0} \subseteq \mathbb{I}(\mathbf{r}_{21})_{\geq 0} \bmod \mathrm{SL}(7)$.

証明.
$$f_{22} = c(x_0, \dots, x_5) + x_0 l(x_0, \dots, x_5) x_6$$
$$\equiv c(x_0, \dots, x_5) + x_0 l(x_0, x_1) x_6$$
$$\equiv c(x_0, \dots, x_5) + q(x_0, x_1) x_6$$
$$= f_{21}$$

ここで $\equiv$ は SL(7) による線形変換を意味する. $\qquad\square$

この命題により, f_{22} をリストから消去できる. こうして 21 個のタイプの cubic fivefold を得る.

命題 3.5. $1 \leq k, l \leq 21 (k \neq l)$ に対して, 次のような包含関係はない:
$$\mathbb{I}(\mathbf{r}_k)_{\geq 0} \subseteq \mathbb{I}(\mathbf{r}_l)_{\geq 0} \bmod \mathrm{SL}(7).$$

証明. 全ての k, l に対してチェックする. 難しくはないが冗長になるので証明は省略する. $\qquad\square$

こうして次の定理を得る.

定理 3.6. strictly semi-stable cubic fivefold のモジュライ空間は 21 個の既約成分をもち, $f_1, f_2, \dots, f_{21}$ で表される.

4 21 個 cubic fivefold の特異点

この節では $f_k = 0$ で定義された特異点を調べる $(k = 0, \dots, 21)$. 孤立特異点に対しては, Milnor 数, Tjurina 数, corank を与える. $f_k = 0$ で定義される一般の cubic fivefold

を X_k と書く. イデアル $\left\{ f_k, \dfrac{\partial f_k}{\partial x_0}, \ldots, \dfrac{\partial f_k}{\partial x_6} \right\}$ の Gröbner 基底と Hilbert 多項式を計算することによって次の定理が得られる.

定理 4.1. X_k の特異点は次のようになる:

(1) X_1 の特異点は $P = \{x_0 = x_1 = x_2 = x_3 = 0\}$ 内の重複度 1 の 2 次曲線である. ここで P は $(x_4 : x_5 : x_6)$ を斉次座標とする射影平面である:

(2) X_2 の特異点は射影空間 $S = \{x_0 = x_1 = x_2 = 0\}$ 内の次数 4 で重複度 1 の非退化な空間曲線である;

(3) X_3 の特異点は射影空間 $S = \{x_0 = x_1 = x_2 = 0\}$ 内の次数 4 で重複度 1 の非退化な空間曲線である;

(4) X_4 の特異点は射影空間 $S = \{x_0 = x_1 = x_2 = 0\}$ 内の次数 4 で重複度 2 の非退化な空間曲線である;

(5) X_5 の特異点は $L = \{x_0 = x_1 = x_2 = x_3 = x_4 = 0\}$ で与えられる重複度 1 の直線である;

(6) X_6 の特異点は孤立特異点 $(0 : 0 : 0 : 0 : 0 : 0 : 1)$ である. Milnor 数は 21, Tjurina 数は 19, corank は 3 である;

(7) X_7 の特異点は $L = \{x_0 = x_1 = x_2 = x_3 = x_4 = 0\}$ で与えられる重複度 1 の直線である;

(8) X_8 の特異点は孤立特異点 $(0 : 0 : 0 : 0 : 0 : 0 : 1)$ である. Milnor 数は 19, Tjurina 数は 17, corank は 3 である;

(9) X_9 の特異点は $P = \{x_0 = x_1 = x_2 = x_3 = 0\}$ 内の重複度 2 の 2 次曲線である;

(10) X_{10} の特異点は孤立特異点 $(0 : 0 : 0 : 0 : 0 : 0 : 1)$ である. Milnor 数は 25, Tjurina 数は 23, corank は 2 である;

(11) X_{11} の特異点は $P = \{x_0 = x_1 = x_2 = x_3 = 0\}$ 内の重複度 2 の 2 次曲線である;

(12) X_{12} の特異点は $L = \{x_0 = x_1 = x_2 = x_3 = x_4 = 0\}$ で与えられる重複度 1 の直線である;

(13) X_{13} の特異点は $L = \{x_0 = x_1 = x_2 = x_3 = 0\}$ 内の重複度 1 の 2 つの異なる直線である;

(14) X_{14} の特異点は孤立特異点 $(0 : 0 : 0 : 0 : 0 : 0 : 1)$ である. Milnor 数は 18, Tjurina 数は 16, corank は 3 である;

(15) X_{15} の特異点は同じモジュライの 2 つの孤立特異点である. それぞれの点の

Milnor 数は 16, Tjurina 数は 16 corank は 4 である;

(16) X_{16} の特異点は $L = \{x_0 = x_1 = x_2 = x_3 = x_4 = 0\}$ で与えられる重複度 2 の直線である;

(17) X_{17} の特異点は孤立特異点 $(0 : 0 : 0 : 0 : 0 : 0 : 1)$ である. Milnor 数は 20, Tjurina 数は 18, corank は 3 である;

(18) X_{18} の特異点は $L = \{x_0 = x_1 = x_2 = x_3 = x_4 = 0\}$ で与えらえる重複度 1 の直線である;

(19) X_{19} の特異点は $L = \{x_0 = x_1 = x_2 = x_3 = x_4 = 0\}$ で与えらえる重複度 2 の直線である;

(20) X_{20} の特異点は $L = \{x_0 = x_1 = x_2 = x_3 = x_4 = 0\}$ で与えらえる重複度 2 の直線である;

(21) X_{21} の特異点は孤立特異点 $(0 : 0 : 0 : 0 : 0 : 0 : 1)$ である. Milnor 数は 16, Tjurina 数は 15, corank は 4 である.

注意 4.2. 孤立特異点に Arnold の記号を与えることは、計算機のメモリー不足によりできなかった. 768 GiB のメモリーでも足りなかった. これは splitting lemma を用いる際 3 次方程式, 4 次方程式の解の公式が複雑すぎるところに起因すると思われる.

5 あとがき

この本は筆者の研究の内容であるので, 既知ではない結果が含まれている. cubic fivefold はまだ手があまりつけられておらず, 現在は cubic fourfold の研究が盛んである. [9] を参考にしていただきたい. またこの研究にはコンピュータを使うのであるが, 特にメモリーを激しく使うので筆者は 768 GiB ものメモリーをつんだ 180 万円の mac pro を買った. かなりの出費であったが株で利益がでていたので購入できた. ちなみにこれだけメモリーを積んでも孤立特異点の分類をすることは不可能であった. 3 次方程式および 4 次方程式の解の公式が複雑すぎ splitting lemma を singular で適用するときにメモリーが爆発すると思われる. なお極大を求めるアルゴリズムにおいてはそれほどメモリーは使わず 16 GiB で十分である.

筆者は今後 cubic fourfold について得られた結果を勉強したのち, cubic fivefold の研究を進めていく予定である. 研究テーマは決まっているがそれはまだ企業秘密である. 数学の未知の領域で研究することは, 数学の勉強をすることとはまた違い, スリリングで楽

しいものである.

　筆者は現在, 大学などの研究機関には所属せず数学の研究をしているが, それでも研究することは可能であることが分かってきた. 論文も投稿し査読を受けることもできる. 筆者は家庭教師など時給の比較的高い仕事をして, 収入を得ながら研究時間も確保している. これが在野で研究なさっている方々の参考に少しでもなれば幸いである. 数学の研究スタイルは自由なのである. 要はお金と時間と健康があれば研究はできる. 人生は研究などの大きな柱があると, とても楽しくなるものだ.

　またこの研究がなにかに活かされることがあれば、筆者にとって望外の喜びである.

付録 A　計算に使用したプログラム

　2 節で述べた問題のため, つまり $\mathcal{S} = \{\mathbb{I}(\mathbf{r})_{\geq 0} \mid \mathbf{r} \in \mathbb{Z}^7_{(0)}\}$ の全ての極大元の集合を求めるために使用した Mathematica のプログラムの使用法とソースを以下に示す.

■使用法

(1) まず法線を求めるプログラム (A.1) を実行して "normalVectors.m" という法線のデータを保存する.

(2) 次に極大を求めるプログラム (A.2) で "normalVectors.m" を読み込んで、極大を求めて "maximalList.m" というデータを保存する.

A.1　法線を求めるプログラム

```
SetDirectory[NotebookDirectory[]]
Needs["Combinatorica'"]
weight[{x_, r___}] := x + weight[{r}];
weight[{}] := 0;
weightThree[m_] := weight[m] == 3;
indexset =
Select[
 Flatten[
  Table[{i0, i1, i2, i3, i4, i5, i6}, {i0, 0, 3}, {i1, 0, 3},
      {i2, 0, 3}, {i3, 0, 3}, {i4, 0, 3}, {i5, 0, 3}, {i6, 0, 3}
```

```
  ], 6
 ], weightThree
];
initial = {{0, 0, 0, 0, 0, 0, 3}, {0, 0, 0, 0, 0, 1, 2},
          {0, 0, 0, 0, 0, 2, 1}, {0, 0, 0, 0, 0, 3, 0},
          {0, 0, 0, 0, 1, 0, 2}};
end     = {{0, 0, 0, 0, 0, 0, 3}, {0, 0, 0, 0, 0, 1, 2},
          {0, 0, 0, 0, 0, 2, 1}, {0, 0, 0, 0, 0, 3, 0},
          {0, 0, 0, 0, 1, 0, 2}, {0, 0, 0, 0, 1, 1, 1}};
now = initial;
result = {};
count = 0;
While[
 (now != end),
 x = Join[{{1, 1, 1, 1, 1, 1, 1}}, now];
 If[
  MatrixRank[x] == 6,
  result = Union[{Sort[Flatten[NullSpace[x], 1]], Greater]}, result]
 ];
 now = NextSubset[indexset, now];
 If[
  Mod[count, 300000] == 0,
  Print[N[count/Binomial[84, 5]*100], " ", Length[result]]
 ];
 count++
]
result >> "normalVectors.m"
```

A.2 極大を求めるプログラム

```
SetDirectory[NotebookDirectory[]]
<< "normalVectors.m";
normalVectors = %;
maximalFunction[m_] := Module[
 {i, j, conditionMaximal, maximalList},
 conditionMaximal = True;
 maximalList = {};
 For[i = 1, i <= Length[m], i++,
  For[j = 1, j <= Length[m], j++,
   If[i != j,
    If[m[[i]] != m[[j]],
     If[Intersection[m[[i]], m[[j]]] == m[[i]],
     conditionMaximal = False]
    ]
   ]
  ];
  If[conditionMaximal, maximalList = Union[{m[[i]]}, maximalList]];
  conditionMaximal = True
 ];
 maximalList
]
weight[{x_, r___}] := x + weight[{r}];
weight[{}] := 0;
weightThree[m_] := weight[m] == 3;
indexset = Select[
 Flatten[
  Table[
   {i0, i1, i2, i3, i4, i5, i6},
   {i0, 0, 3}, {i1, 0, 3}, {i2, 0, 3},
```

14

```
{i3, 0, 3}, {i4, 0, 3}, {i5, 0, 3},
{i6, 0, 3}
], 6
], weightThree
];
positive[m_] := m . r >= 0;
list = {};
For[i = 1, i <= Length[normalVectors],
 i++,
 r = normalVectors[[i]];
 x = Select[indexset, positive];
 list = maximalFunction[
  Union[{x}, list]
 ]
];
list >> "maximalList.m"
```

参考文献

[1] D. Allcock. "The moduli space of cubic threefolds." J. Algebraic
    Geom. 12(2), 201-- 223, 2003.

[2] V.I. Arnold, S.M. Gusein-Zade, and A.N. Varchenko. Singularities of
    Differentiable Maps, Volume 1. Monographs in Mathematics, vol. 82.
    Birkhäuser, 1985.

[3] A. Iliev, and L. Manivel. "Cubic hypersurfaces and integrable systems." Am.
    J. Math. 130(6), 1445–1475, 2008.

[4] C.H. Clemens, and P.A. Griffiths. "The intermediate Jacobian of the cubic
    threefold." Ann. Math., Second Series, 95(2), 281–356, 1972.

[5] A. Collino. "The Abel-Jacobi isomorphism for the cubic fivefold." Pacific J.
    Math. 122(1), 43–55, 1986.

[6] D. Cox, J. Little, D. O'Shea. Ideals, Varieties, and Algorithms. Third Edition. Springer New York, 2007.

[7] I. Dolgachev. Lectures on Invariant Theory. London Mathematical Society Lecture Note Series 296. Cambridge University Press, Cambridge, 2003.

[8] D. Hilbert. "Ueber die vollen Invariantensysteme." Math. Ann. 42, 313–373, 1893.

[9] D. Huybrechts. The Geometry of Cubic Hypersurfaces. Cambridge Studies in Advanced Mathematics 206. Cambridge University Press, 2023.

[10] R. Laza. "The moduli space of cubic fourfolds." J. Algebraic Geom. 18(3), 511–545, 2009.

[11] D. Mumford, J. Fogarty, and F. Kirwan. Geometric Invariant Theory. Third Enlarged Edition. Ergeb. Math. Grenzgeb. (2), 34. Springer-Verlag, Berlin, 1994.

[12] D. Mumford. "Stability of projective varieties." Enseign. Math. (2) 23(1–2), 39–110, 1977.

[13] Y. Shibata. "The boundary of the moduli space of stable cubic fivefolds." https://arxiv.org/abs/1401.4525v3, 2023.

[14] M. Yokoyama. "Stability of Cubic 3-folds." Tokyo J. Math. 25(1), 85–105, 2002.

[15] M. Yokoyama. "Stability of cubic hypersurfaces of dimension 4." RIMS Kôkyûroku Bessatsu B9, 189–204, 2008.

Cubic fivefold の幾何学
—— モジュライ空間のコンパクト化

2023 年 8 月 13 日 初版 発行
著　者　　Yasutaka SHIBATA（しばた やすたか）
発行者　　星野 香奈（ほしの かな）
発行所　　同人集合 暗黒通信団（https://ankokudan.org/d/）
　　　　　〒277-8691 千葉県柏局私書箱 54 号 D 係
本　体　　200 円 / ISBN978-4-87310-268-9 C3041

乱丁・落丁は在庫がある限りお取り替えいたします。